Luis Fernando Aguas Bucheli

Unity y Mugen Editor: Programación de Videojuegos desde Cero

Luis Fernando Aguas Bucheli

Unity y Mugen Editor: Programación de Videojuegos desde Cero

Construye mundos virtuales y domina la creación de juegos con Unity y Mugen Editor

Editorial Académica Española

Imprint
Any brand names and product names mentioned in this book are subject to trademark, brand or patent protection and are trademarks or registered trademarks of their respective holders. The use of brand names, product names, common names, trade names, product descriptions etc. even without a particular marking in this work is in no way to be construed to mean that such names may be regarded as unrestricted in respect of trademark and brand protection legislation and could thus be used by anyone.

Cover image: www.ingimage.com

Publisher:
Editorial Académica Española
is a trademark of
Dodo Books Indian Ocean Ltd. and OmniScriptum S.R.L publishing group

120 High Road, East Finchley, London, N2 9ED, United Kingdom
Str. Armeneasca 28/1, office 1, Chisinau MD-2012, Republic of Moldova, Europe
Printed at: see last page
ISBN: 978-613-9-40742-2

En un mundo en constante evolución tecnológica, el desarrollo de videojuegos se ha convertido en una de las áreas más dinámicas y creativas del software. Los videojuegos no solo representan una forma de entretenimiento, sino que también actúan como una plataforma para la innovación, la narración interactiva y el arte digital. En este contexto, Unity y C# se han establecido como herramientas fundamentales para desarrolladores tanto novatos como experimentados.

Unity, un motor de juegos ampliamente utilizado, ofrece una plataforma robusta y flexible para la creación de experiencias interactivas en 2D y 3D. Con su interfaz intuitiva y su potente conjunto de características, Unity permite a los desarrolladores dar vida a sus ideas, desde sencillos juegos móviles hasta complejas aplicaciones de realidad virtual. Por otro lado, C# es el lenguaje de programación que se utiliza principalmente en Unity, conocido por su simplicidad y eficacia, lo que lo hace accesible para principiantes y suficientemente potente para desarrolladores avanzados.

Este libro, creado por Luis Fernando Aguas, fundador de Aguaszoft, una empresa con una profunda pasión por la tecnología y la educación, está diseñado para guiarte a través del emocionante viaje de aprender Unity y C#. En Aguaszoft, creemos que la educación es la clave para desbloquear el potencial creativo de cada individuo. Por eso, hemos desarrollado este recurso con el objetivo de proporcionar un aprendizaje estructurado y comprensible, que permita a los lectores no solo adquirir conocimientos técnicos, sino también inspirarse y motivarse para crear sus propios proyectos.

A lo largo de las páginas de este libro, exploraremos los fundamentos de Unity y C#, cubriendo desde los conceptos básicos hasta técnicas avanzadas. Comenzaremos con una introducción a la interfaz de Unity y sus principales componentes, para luego adentrarnos en la programación con C#. Aprenderás cómo crear y gestionar objetos en Unity, cómo aplicar física y animaciones, y cómo desarrollar una lógica de juego robusta y eficiente. Además, abordaremos temas importantes como la optimización del rendimiento, la implementación de interfaces de usuario, y la publicación de tu juego en diferentes plataformas.

El enfoque de este libro es práctico y orientado a proyectos. Creemos que la mejor manera de aprender es haciendo, por lo que cada capítulo incluye ejemplos y ejercicios que te permitirán poner en práctica lo aprendido. Además, hemos incluido proyectos completos al final de cada sección, que te desafiarán a aplicar tus conocimientos y habilidades para crear juegos funcionales y atractivos.

Unity y C# no solo son herramientas poderosas para el desarrollo de juegos, sino que también abren puertas a una amplia gama de aplicaciones en otros campos, como la simulación, la visualización arquitectónica, la realidad aumentada y la educación. Con las habilidades que adquirirás a través de este libro, estarás preparado para explorar estas oportunidades y llevar tus ideas al siguiente nivel.

En Aguaszoft, estamos comprometidos con tu éxito y tu crecimiento como desarrollador. Este libro es solo el comienzo de tu viaje. A medida que avances en tu aprendizaje, te animamos a unirte a nuestra comunidad de desarrolladores, donde podrás compartir tus proyectos, recibir retroalimentación, y colaborar con otros entusiastas de Unity y C#. Juntos, podemos crear experiencias interactivas innovadoras y emocionantes que capturen la imaginación de jugadores y usuarios en todo el mundo.

Así que prepárate para sumergirte en el fascinante mundo del desarrollo de videojuegos con Unity y C#. Con la guía y los recursos proporcionados en este libro, tendrás todas las herramientas necesarias para transformar tus ideas en realidad. ¡Bienvenido a la comunidad de Aguaszoft y al comienzo de una emocionante aventura en el desarrollo de juegos!

Capítulo 1: Instalación de Unity

1.1 Introducción

Unity es una de las plataformas de desarrollo de videojuegos más populares del mundo. Permite a los desarrolladores crear juegos para una variedad de plataformas, incluyendo consolas, PC, dispositivos móviles y realidad virtual. En este capítulo, te guiaremos a través del proceso de instalación de Unity, asegurándote de que tu entorno de desarrollo esté correctamente configurado para comenzar a crear tus propios juegos y aplicaciones interactivas.

1.2 Requisitos del Sistema

Antes de instalar Unity, asegúrate de que tu sistema cumple con los requisitos mínimos:

1.2.1 Requisitos para Windows

- **Sistema operativo**: Windows 7 SP1+, Windows 8, Windows 10, y Windows 11 (64-bit)
- **Procesador**: CPU con soporte para instrucciones SSE2
- **Memoria RAM**: 4 GB de RAM (se recomiendan 8 GB)
- **Gráficos**: Tarjeta gráfica compatible con DirectX 10 o superior
- **Espacio en disco**: Mínimo 5 GB de espacio disponible

1.2.2 Requisitos para macOS

- **Sistema operativo**: macOS 10.12 Sierra y versiones posteriores
- **Procesador**: CPU con soporte para instrucciones SSE2
- **Memoria RAM**: 4 GB de RAM (se recomiendan 8 GB)
- **Gráficos**: Tarjeta gráfica compatible con Metal
- **Espacio en disco**: Mínimo 5 GB de espacio disponible

1.2.3 Requisitos para Linux

- **Sistema operativo**: Distribuciones oficiales soportadas: Ubuntu 16.04, 18.04, 20.04 (64-bit)
- **Procesador**: CPU con soporte para instrucciones SSE2
- **Memoria RAM**: 4 GB de RAM (se recomiendan 8 GB)

- **Gráficos**: Tarjeta gráfica compatible con OpenGL 3.2 o superior
- **Espacio en disco**: Mínimo 5 GB de espacio disponible

1.3 Descarga del Unity Hub

El primer paso para instalar Unity es descargar Unity Hub, una aplicación que gestiona las versiones de Unity, los proyectos y las configuraciones del entorno de desarrollo.

1. Visita el sitio web oficial de Unity: Unity3d.com.
2. Haz clic en el botón "Get Started" (Comenzar).
3. Selecciona el plan que más se adecue a tus necesidades (puedes empezar con el plan Personal, que es gratuito para proyectos pequeños).
4. Descarga el Unity Hub correspondiente a tu sistema operativo (Windows, macOS, Linux).

1.4 Instalación del Unity Hub

1.4.1 Instalación en Windows

1. Abre el archivo descargado (UnityHubSetup.exe).
2. Sigue las instrucciones del instalador.
3. Una vez completada la instalación, abre Unity Hub.

1.4.2 Instalación en macOS

1. Abre el archivo descargado (UnityHub.dmg).
2. Arrastra el icono de Unity Hub a la carpeta "Applications".
3. Abre Unity Hub desde la carpeta "Applications".

1.4.3 Instalación en Linux

1. Abre una terminal.
2. Navega hasta el directorio donde se descargó el archivo de Unity Hub.
3. Ejecuta el siguiente comando para instalar Unity Hub:

```
sudo dpkg -i unityhub*.deb
```

4. Abre Unity Hub desde tu menú de aplicaciones.

1.5 Configuración Inicial de Unity Hub

Al abrir Unity Hub por primera vez, deberás realizar algunas configuraciones iniciales.

1.5.1 Crear una Cuenta de Unity

1. Abre Unity Hub.
2. Haz clic en "Sign In" (Iniciar sesión).
3. Si no tienes una cuenta, haz clic en "Create One" (Crear una cuenta).
4. Sigue las instrucciones para crear una cuenta de Unity.

1.5.2 Iniciar Sesión en Unity Hub

1. Abre Unity Hub.
2. Haz clic en "Sign In" (Iniciar sesión).
3. Introduce tus credenciales y haz clic en "Sign In".

1.6 Instalación de Unity Editor

Una vez configurado Unity Hub, es hora de instalar Unity Editor, que es la aplicación principal que utilizarás para desarrollar tus proyectos.

1.6.1 Selección de una Versión de Unity

1. Abre Unity Hub.
2. Haz clic en la pestaña "Installs" (Instalaciones).
3. Haz clic en "Add" (Añadir).
4. Selecciona la versión de Unity que deseas instalar (se recomienda seleccionar la última versión LTS, que es la versión con soporte a largo plazo).
5. Haz clic en "Next" (Siguiente).

1.6.2 Selección de Módulos Adicionales

1. Después de seleccionar la versión de Unity, podrás elegir módulos adicionales según tus necesidades (por ejemplo, soporte para Android, iOS, WebGL, etc.).
2. Selecciona los módulos que necesites y haz clic en "Next" (Siguiente).

1.6.3 Aceptación de Términos y Condiciones

1. Revisa los términos y condiciones de Unity.
2. Marca la casilla de aceptación y haz clic en "Done" (Hecho).

1.6.4 Instalación

1. Unity Hub comenzará a descargar e instalar Unity Editor junto con los módulos seleccionados.
2. Espera a que la instalación se complete. Esto puede tomar algún tiempo dependiendo de la velocidad de tu conexión a Internet.

1.7 Creación de tu Primer Proyecto en Unity

Con Unity instalado, estás listo para crear tu primer proyecto.

1.7.1 Creación de un Nuevo Proyecto

1. Abre Unity Hub.
2. Haz clic en la pestaña "Projects" (Proyectos).
3. Haz clic en "New" (Nuevo).
4. Introduce un nombre para tu proyecto.
5. Selecciona la plantilla del proyecto (por ejemplo, 2D, 3D, HDRP, URP, etc.).
6. Selecciona la ubicación donde deseas guardar tu proyecto.
7. Haz clic en "Create" (Crear).

1.7.2 Exploración de la Interfaz de Unity

1. Al abrir tu nuevo proyecto, se te presentará la interfaz de Unity Editor.
2. Dedica algún tiempo a familiarizarte con los paneles principales: Hierarchy (Jerarquía), Scene (Escena), Game (Juego), Inspector (Inspector) y Project (Proyecto).

Capítulo 2: Conceptos Básicos de Unity

Introducción

Unity es una de las plataformas de desarrollo de videojuegos más populares y versátiles del mundo. En este capítulo, exploraremos los conceptos básicos de Unity, cubriendo todo, desde la interfaz de usuario hasta la creación de un proyecto sencillo. Estos fundamentos te proporcionarán una base sólida para desarrollar tus propios juegos y aplicaciones interactivas.

2.1. Interfaz de Usuario de Unity

2.1.1. Ventana de Proyecto

La ventana de Proyecto muestra todos los archivos y recursos de tu proyecto. Aquí es donde puedes organizar y acceder a tus assets, como modelos 3D, texturas, scripts, y sonidos.

2.1.2. Ventana de Jerarquía

La ventana de Jerarquía muestra todos los objetos en tu escena actual. Los objetos se organizan en una estructura de árbol que refleja la relación de padres e hijos entre ellos.

2.1.3. Ventana de Escena

La ventana de Escena es donde se construye y edita el mundo del juego. Puedes arrastrar y soltar objetos en la escena, moverlos, rotarlos y escalarlos.

2.1.4. Ventana de Juego

La ventana de Juego muestra una vista previa en tiempo real de cómo se verá tu juego cuando se ejecute. Aquí es donde puedes probar y ajustar la jugabilidad.

2.1.5. Ventana de Inspector

La ventana de Inspector muestra las propiedades de los objetos seleccionados en la ventana de Jerarquía o de Proyecto. Aquí puedes modificar componentes y parámetros para ajustar el comportamiento y la apariencia de los objetos.

2.2. Creación de un Proyecto Nuevo

2.2.1. Iniciar Unity Hub

Para comenzar, abre Unity Hub, que es una aplicación que facilita la gestión de proyectos y versiones de Unity. Haz clic en "Nuevo Proyecto" para crear un nuevo proyecto.

2.2.2. Selección de Plantilla

Unity ofrece varias plantillas para diferentes tipos de proyectos, como juegos 2D, 3D, de realidad virtual y más. Selecciona la plantilla que mejor se adapte a tus necesidades. Para este capítulo, elegiremos la plantilla 3D.

2.2.3. Configuración del Proyecto

Asigna un nombre a tu proyecto y selecciona la ubicación donde se guardará. Luego, haz clic en "Crear Proyecto" para iniciar el editor de Unity.

2.3. Creación y Manipulación de Objetos

2.3.1. Creación de Objetos

Para crear un objeto, haz clic derecho en la ventana de Jerarquía y selecciona "Crear Empty" o elige uno de los objetos predefinidos como cubos, esferas, o cápsulas.

2.3.2. Transformaciones Básicas

Los objetos en Unity tienen componentes de Transformación que permiten mover, rotar y escalar los objetos. Usa las herramientas de la barra de herramientas (Mover, Rotar, Escalar) para ajustar los objetos en la ventana de Escena.

2.4. Componentes y Scripts

2.4.1. Componentes

Los componentes son los bloques de construcción que definen el comportamiento y la apariencia de los objetos. Todos los objetos tienen al menos un componente Transform, pero pueden tener muchos otros como Rigidbody para física, Collider para colisiones, y más.

2.4.2. Scripts

Los scripts en Unity se escriben en C# y se utilizan para agregar comportamiento personalizado a los objetos. Para crear un script, haz clic derecho en la ventana de Proyecto, selecciona "Crear > C# Script", nombra tu script y luego ábrelo en el editor de código.

2.5. Sistema de Física y Colisiones

2.5.1. Componentes de Física

Unity proporciona componentes como Rigidbody para aplicar física a los objetos. Un Rigidbody permite que un objeto se mueva de manera realista bajo la influencia de fuerzas y colisiones.

2.5.2. Colliders

Los Colliders son componentes que definen la forma de un objeto para propósitos de colisión. Pueden ser formas simples como cajas y esferas, o formas más complejas personalizadas.

2.6. Sistema de Luces y Sombras

2.6.1. Tipos de Luces

Unity ofrece varios tipos de luces, como direccionales, puntuales y spotlights, cada una con sus propias propiedades y usos.

2.6.2. Configuración de Sombras

Las luces en Unity pueden proyectar sombras, lo que agrega realismo a la escena. Las sombras se pueden ajustar en las propiedades de la luz para controlar su calidad y apariencia.

2.7. Sistema de Audio

2.7.1. Componentes de Audio

Unity proporciona componentes como Audio Source para reproducir sonidos y música. Un Audio Source puede ser agregado a cualquier objeto en la escena.

2.7.2. Importación y Uso de Sonidos

Para usar sonidos en tu proyecto, simplemente arrastra los archivos de audio a la ventana de Proyecto. Luego, puedes asignar estos archivos a un Audio Source y reproducirlos en los momentos adecuados del juego.

Capítulo 3: Creación y Manipulación de Objetos en Unity con C#

3.1 Introducción

En este capítulo, aprenderemos cómo crear y manipular objetos en Unity utilizando el lenguaje de programación C#. Veremos cómo instanciar objetos en el mundo del juego, aplicar transformaciones y añadir comportamientos personalizados a través de scripts.

3.2 Creación de Objetos en Unity

3.2.1 Instanciación de Prefabs

En Unity, un prefab es una plantilla de un objeto que se puede reutilizar en el juego. Los prefabs permiten crear copias exactas de un objeto y son especialmente útiles para generar múltiples instancias de un enemigo, elementos del entorno, o cualquier otro objeto del juego.

```csharp
using UnityEngine;

public class ObjectSpawner : MonoBehaviour
{
    public GameObject prefab;
    public Transform spawnPoint;

    void Start()
    {
        Instantiate(prefab, spawnPoint.position, spawnPoint.rotation);
    }
}
```

En este ejemplo, ObjectSpawner es un script que se adjunta a un objeto en la escena. El script instancia un prefab en un punto de spawn especificado al inicio del juego.

3.3 Manipulación de Objetos

3.3.1 Transformaciones Básicas

Cada objeto en Unity tiene un componente Transform que almacena su posición, rotación y escala. Podemos modificar estos valores para mover, rotar y escalar objetos en el mundo del juego.

```csharp
using UnityEngine;

public class ObjectMover : MonoBehaviour
{
    public float moveSpeed = 5f;
    public float rotateSpeed = 50f;

    void Update()
    {
        // Movimiento hacia adelante y hacia atrás
        float move = Input.GetAxis("Vertical") * moveSpeed * Time.deltaTime;
        transform.Translate(0, 0, move);

        // Rotación
        float rotate = Input.GetAxis("Horizontal") * rotateSpeed * Time.deltaTime;
        transform.Rotate(0, rotate, 0);
    }
}
```

Este script permite mover un objeto hacia adelante y hacia atrás usando las teclas de flecha o W y S, y rotarlo hacia la izquierda y derecha usando las teclas de flecha o A y D.

3.4 Interacción entre Objetos

3.4.1 Colisiones y Triggers

Para detectar colisiones entre objetos, necesitamos añadir componentes de Collider a los objetos y usar funciones de C# para manejar las interacciones.

```csharp
using UnityEngine;
```

```csharp
public class CollisionDetector : MonoBehaviour
{
    void OnCollisionEnter(Collision collision)
    {
        Debug.Log("Collision detected with " + collision.gameObject.name);
    }

    void OnTriggerEnter(Collider other)
    {
        Debug.Log("Trigger detected with " + other.gameObject.name);
    }
}
```

- OnCollisionEnter se llama cuando el objeto colisiona con otro objeto que también tiene un Collider y un Rigidbody.
- OnTriggerEnter se llama cuando un objeto entra en un área designada como Trigger.

3.5 Añadiendo Comportamientos Personalizados

Podemos añadir scripts personalizados a nuestros objetos para que tengan comportamientos específicos. Por ejemplo, un script que hace que un enemigo persiga al jugador.

```csharp
using UnityEngine;

public class EnemyAI : MonoBehaviour
{
    public Transform player;
    public float speed = 2f;

    void Update()
    {
        Vector3 direction = player.position - transform.position;
        direction.Normalize();
        transform.position += direction * speed * Time.deltaTime;
    }
}
```

En este ejemplo, el enemigo se moverá continuamente hacia la posición del jugador.

Capítulo 4: Domina la Programación con Scripts en Unity

4.1 Introducción a la Programación en Unity

Unity es una poderosa plataforma para el desarrollo de juegos y aplicaciones interactivas en 2D y 3D. La programación en Unity se realiza principalmente utilizando el lenguaje de programación C#. Este capítulo te guiará a través de los conceptos básicos y avanzados de scripting en Unity, proporcionando ejemplos prácticos y detallados.

4.2 Configuración del Entorno de Desarrollo

Antes de comenzar a programar en Unity, asegúrate de tener instalado Unity Hub y la versión más reciente del Editor de Unity. También necesitarás un IDE como Visual Studio o Visual Studio Code para editar tus scripts.

1. **Instalar Unity Hub y Unity Editor**: Descarga e instala Unity Hub desde el sitio oficial de Unity. A través de Unity Hub, instala la versión del Editor de Unity que desees.
2. **Instalar Visual Studio**: Durante la instalación de Unity, se te dará la opción de instalar Visual Studio, que es altamente recomendado para una integración perfecta.

4.3 Estructura de un Script en Unity

Un script en Unity es un archivo de código que hereda de la clase MonoBehaviour. Aquí hay un ejemplo básico de un script en C#:

```csharp
using UnityEngine;

public class MiPrimerScript : MonoBehaviour
{
    // Este método se llama una vez al iniciar el juego
    void Start()
    {
        Debug.Log("Hola, Unity!");
    }

    // Este método se llama una vez por frame
```

```csharp
    void Update()
    {

    }
}
```

- Start(): Se llama una vez cuando el script se ejecuta por primera vez.
- Update(): Se llama una vez por frame y es ideal para manejar la lógica que necesita ser verificada constantemente.

4.4 Creación y Vinculación de Scripts a Objetos

1. **Crear un Nuevo Script**:
   - En el Panel de Proyecto, haz clic derecho y selecciona Create > C# Script.
   - Nombra tu script apropiadamente (e.g., ControladorDeJugador).
2. **Vincular el Script a un Objeto**:
   - Arrastra y suelta el script sobre el objeto en el que deseas que se ejecute desde el Panel de Proyecto hasta el objeto en la jerarquía.
   - Alternativamente, selecciona el objeto en la jerarquía y en el Panel de Inspector, haz clic en Add Component y selecciona tu script.

4.5 Métodos Comunes de MonoBehaviour

Unity proporciona varios métodos de MonoBehaviour que puedes sobrescribir para definir el comportamiento de tu juego:

- Awake(): Se llama antes de Start(), ideal para inicialización que debe ocurrir antes de que otros scripts accedan a este objeto.
- FixedUpdate(): Se llama a intervalos fijos, ideal para la física.
- LateUpdate(): Se llama después de Update(), útil para seguir objetos que pueden haberse movido en Update().
- OnCollisionEnter(), OnTriggerEnter(): Métodos para detectar colisiones y desencadenadores.

4.6 Manipulación de Componentes y GameObjects

Un aspecto clave de la programación en Unity es la manipulación de componentes y GameObjects. Aquí hay algunos ejemplos comunes:

1. **Acceso a Componentes**:

```csharp
void Start()
{
    // Acceder al componente Rigidbody del objeto
    Rigidbody rb = GetComponent<Rigidbody>();
    rb.AddForce(Vector3.up * 10);
}
```

2. **Instanciar y Destruir Objetos**:

```csharp
public GameObject prefab;

void Update()
{
    if (Input.GetKeyDown(KeyCode.Space))
    {
        // Instanciar un objeto prefab
        Instantiate(prefab, transform.position, transform.rotation);
    }
}
```

3. **Destruir Objetos**:

```csharp
void OnCollisionEnter(Collision collision)
{
    if (collision.gameObject.tag == "Enemigo")
    {
        Destroy(collision.gameObject);
    }
}
```

4.7 Corutinas

Las corutinas permiten ejecutar métodos que pueden pausar su ejecución y volver a ella en el siguiente frame, creando comportamientos temporizados.

```csharp
void Start()
{
```

```csharp
    StartCoroutine(EjemploCorutina());
}

IEnumerator EjemploCorutina()
{
    Debug.Log("Inicia corutina");
    yield return new WaitForSeconds(2);
    Debug.Log("2 segundos después");
}
```

4.8 Prácticas Avanzadas

1. **Delegados y Eventos**: Los delegados y eventos permiten crear sistemas de notificación y manejar interacciones entre scripts de manera eficiente.

   ```csharp
   public delegate void MiDelegado();
   public static event MiDelegado OnEvento;

   void Start()
   {
       OnEvento += MetodoRespuesta;
       OnEvento?.Invoke();
   }

   void MetodoRespuesta()
   {
       Debug.Log("Evento recibido");
   }
   ```

2. **ScriptableObjects**: Los ScriptableObjects son una forma eficiente de almacenar datos y crear objetos reutilizables.

   ```csharp
   [CreateAssetMenu(fileName = "DatosJugador", menuName = "Datos/Jugador")]
   public class DatosJugador : ScriptableObject
   {
       public string nombre;
       public int salud;
   }
   ```

1. **Depuración con Debug**: Utiliza Debug.Log, Debug.Warning, y Debug.Error para depurar y rastrear problemas en tu código.

    ```
    Debug.Log("Mensaje de depuración");
    Debug.LogWarning("Advertencia");
    Debug.LogError("Error");
    ```

2. **Optimización**:
    o   Minimiza el uso de Update() cuando sea posible.
    o   Usa Object Pooling para manejar la instanciación y destrucción frecuentes de objetos.
    o   Optimiza el uso de la física y colisiones configurando apropiadamente los componentes de colisión.

Capítulo 5: Física y Colisiones en Unity 2D

En este capítulo, vamos a explorar los conceptos fundamentales de la física y las colisiones en Unity 2D. Aprenderás cómo utilizar el sistema de física de Unity para dar vida a tus objetos en un entorno 2D y cómo manejar las colisiones entre ellos.

5.1 Introducción a la Física en Unity 2D

Unity proporciona un robusto motor de física que permite simular el comportamiento realista de objetos en un entorno 2D. Esto incluye la gravedad, las fuerzas y las colisiones.

5.1.1 Configuración del Sistema de Física

Para comenzar a usar la física en Unity 2D, debes asegurarte de que tus objetos tengan componentes de Rigidbody2D y Collider2D. Estos componentes permiten que los objetos interactúen físicamente entre sí y respondan a las fuerzas y colisiones.

5.2 Componentes de Física

5.2.1 Rigidbody2D

El componente Rigidbody2D permite que un objeto sea controlado por el motor de física. Esto incluye aplicar fuerzas, velocidad y otras propiedades físicas. Para añadir un Rigidbody2D a un objeto:

1. Selecciona el objeto en la jerarquía.
2. Ve al Inspector y haz clic en "Add Component".
3. Busca y selecciona "Rigidbody2D".

Propiedades Clave del Rigidbody2D:

- **Mass (Masa):** Define la masa del objeto.
- **Gravity Scale (Escala de Gravedad):** Controla cuánto afecta la gravedad al objeto.
- **Drag (Arrastre):** Controla la resistencia al movimiento.

5.2.2 Collider2D

El Collider2D define la forma del objeto para la detección de colisiones. Hay varios tipos de colisionadores que puedes usar, como Box Collider 2D, Circle Collider 2D y Polygon Collider 2D.

Para añadir un Collider2D:

1. Selecciona el objeto en la jerarquía.
2. Ve al Inspector y haz clic en "Add Component".
3. Busca y selecciona el tipo de Collider2D que necesitas (por ejemplo, "Box Collider 2D").

5.3 Manejo de Colisiones

Unity proporciona varios métodos para detectar y responder a colisiones entre objetos. Estos métodos se implementan en scripts adjuntos a los objetos que tienen colisionadores.

5.3.1 Métodos de Colisión

- **OnCollisionEnter2D:** Se llama cuando el objeto comienza a colisionar con otro objeto.
- **OnCollisionStay2D:** Se llama cada frame mientras el objeto sigue colisionando con otro objeto.
- **OnCollisionExit2D:** Se llama cuando el objeto deja de colisionar con otro objeto.

```
void OnCollisionEnter2D(Collision2D collision)
{
    Debug.Log("Colisión detectada con: " + collision.gameObject.name);
}
```

5.3.2 Métodos de Trigger

Además de las colisiones normales, Unity también permite usar "Triggers", que son colisionadores que no producen una respuesta física pero pueden usarse para detectar interacciones.

- **OnTriggerEnter2D:** Se llama cuando otro colisionador entra en el trigger.

- **OnTriggerStay2D:** Se llama cada frame mientras otro colisionador está dentro del trigger.
- **OnTriggerExit2D:** Se llama cuando otro colisionador sale del trigger.

```
void OnTriggerEnter2D(Collider2D other)
{
    Debug.Log("Trigger activado por: " + other.gameObject.name);
}
```

5.4 Aplicando Fuerzas y Movimientos

Unity permite aplicar fuerzas a los objetos con Rigidbody2D para simular movimientos más realistas.

5.4.1 Aplicar Fuerza

Puedes aplicar fuerza a un Rigidbody2D usando el método AddForce.

```
Rigidbody2D rb = GetComponent<Rigidbody2D>();
rb.AddForce(new Vector2(10f, 0f), ForceMode2D.Impulse);
```

5.4.2 Aplicar Velocidad

También puedes cambiar directamente la velocidad de un Rigidbody2D.

```
Rigidbody2D rb = GetComponent<Rigidbody2D>();
rb.velocity = new Vector2(5f, 0f);
```

5.5 Ejemplo Práctico: Creación de un Personaje Jugable

Vamos a crear un personaje que pueda moverse y saltar utilizando la física de Unity 2D.

5.5.1 Configuración del Personaje

1. Crea un objeto 2D (por ejemplo, un sprite) y nómbralo "Jugador".
2. Añade un componente Rigidbody2D al objeto "Jugador".
3. Añade un Box Collider2D para definir la forma del colisionador.

5.5.2 Script de Movimiento

Crea un script llamado PlayerMovement y adjúntalo al objeto "Jugador".

```csharp
using UnityEngine;

public class PlayerMovement : MonoBehaviour
{
    public float moveSpeed = 5f;
    public float jumpForce = 10f;
    private Rigidbody2D rb;

    void Start()
    {
        rb = GetComponent<Rigidbody2D>();
    }

    void Update()
    {
        float moveInput = Input.GetAxis("Horizontal");
        rb.velocity = new Vector2(moveInput * moveSpeed, rb.velocity.y);

        if (Input.GetButtonDown("Jump") && Mathf.Abs(rb.velocity.y) < 0.01f)
        {
            rb.AddForce(new Vector2(0f, jumpForce), ForceMode2D.Impulse);
        }
    }
}
```

Capítulo 6: Desarrollo 3D en Unity

6.1 Introducción a Unity 3D

6.1.1 ¿Qué es Unity?

Unity es un motor de desarrollo de juegos multiplataforma utilizado para crear aplicaciones interactivas en 2D y 3D. Ofrece un entorno de desarrollo intuitivo y herramientas potentes para diseñar, desarrollar y desplegar juegos y aplicaciones en varias plataformas como PC, consolas, dispositivos móviles y realidad virtual.

6.1.2 Instalación y configuración de Unity

Para comenzar a utilizar Unity, primero necesitas descargar el Unity Hub desde el sitio oficial de Unity (https://unity.com/). El Unity Hub te permite instalar diferentes versiones de Unity, gestionar tus proyectos y acceder a recursos de aprendizaje. Una vez instalado el Unity Hub, puedes seleccionar la versión de Unity que deseas instalar y configurar los módulos necesarios para tu proyecto.

6.1.3 Interfaz de Unity

La interfaz de Unity está compuesta por varias ventanas y paneles que facilitan el desarrollo de juegos y aplicaciones. Algunas de las ventanas principales son:

- **Scene**: Aquí es donde puedes construir y organizar tu mundo 3D.
- **Game**: Muestra cómo se verá tu juego cuando se ejecute.
- **Hierarchy**: Muestra todos los objetos en la escena actual.
- **Project**: Contiene todos los activos de tu proyecto.
- **Inspector**: Muestra y permite editar las propiedades del objeto seleccionado.

6.2 Creación de Objetos 3D

6.2.1 Tipos de objetos 3D en Unity

Unity permite crear diferentes tipos de objetos 3D, como primitivas (cubos, esferas, cilindros, etc.), modelos importados y objetos personalizados. Las primitivas son útiles para prototipado rápido y construcción básica de escenas.

6.2.2 Importación de modelos 3D

Puedes importar modelos 3D creados en software externo como Blender, Maya o 3ds Max. Para importar un modelo, simplemente arrástralo a la carpeta de Assets en Unity. Unity soporta formatos comunes como FBX, OBJ y Collada.

6.2.3 Creación y manipulación de primitivas

Para crear una primitiva, ve al menú GameObject > 3D Object y selecciona el tipo de objeto que deseas crear. Una vez creado, puedes mover, rotar y escalar el objeto utilizando las herramientas de transformación en la parte superior izquierda de la interfaz.

6.3 Materiales y Texturas

6.3.1 Introducción a los materiales

Los materiales en Unity determinan cómo se verá la superficie de un objeto. Un material puede tener varias propiedades, como color, textura y reflectividad. Puedes crear un nuevo material en la carpeta de Assets y asignarlo a un objeto arrastrándolo al componente Renderer del objeto.

6.3.2 Aplicación de texturas

Las texturas son imágenes que se aplican a la superficie de un material para darle más detalle. Para aplicar una textura, simplemente arrástrala al campo Albedo del material en el Inspector.

6.3.3 Shaders y efectos visuales

Los shaders son pequeños programas que determinan cómo se renderiza un objeto en la pantalla. Unity proporciona una variedad de shaders predeterminados, pero también puedes crear shaders personalizados utilizando el lenguaje ShaderLab o HLSL.

6.4 Iluminación

6.4.1 Tipos de luces en Unity

Unity ofrece varios tipos de luces para iluminar tus escenas 3D:

- **Directional Light**: Simula la luz del sol, ilumina toda la escena en una dirección específica.
- **Point Light**: Emite luz en todas direcciones desde un punto específico, similar a una bombilla.
- **Spot Light**: Emite luz en un cono, útil para focos y linternas.
- **Area Light**: Emite luz desde una superficie rectangular (solo disponible en renderizado avanzado).

6.4.2 Configuración de la iluminación global

La iluminación global en Unity incluye la luz ambiental y el mapeo de luces. Puedes ajustar la luz ambiental desde el menú Window > Rendering > Lighting. Aquí también puedes configurar el mapeo de luces para mejorar el rendimiento y la calidad visual de tu escena.

6.4.3 Sombras y efectos de iluminación

Las sombras añaden realismo a tu escena. Puedes habilitar y configurar las sombras en las propiedades de las luces. Unity también ofrece efectos de iluminación avanzados como el brillo (bloom), las luces volumétricas y las luces dinámicas.

6.5 Físicas y Colisiones

6.5.1 Sistema de físicas de Unity

Unity tiene un motor de físicas incorporado que simula las interacciones físicas entre los objetos. Puedes añadir componentes como Rigidbody para que los objetos respondan a la gravedad y otras fuerzas físicas.

6.5.2 Colisiones y triggers

Las colisiones se manejan utilizando colliders, que son componentes que definen la forma de colisión de un objeto. Los triggers son colliders que no responden físicamente a las colisiones pero pueden detectar cuándo un objeto entra o sale de ellos.

6.5.3 Rigidbodies y control de movimientos

Los rigidbodies permiten que los objetos sean afectados por fuerzas físicas como la gravedad y las colisiones. Puedes controlar el movimiento de un objeto mediante scripts que aplican fuerzas o modifican las propiedades del Rigidbody.

6.6 Animaciones

6.6.1 Sistema de animación en Unity

El sistema de animación de Unity permite crear y controlar animaciones complejas. Utiliza el Animator Controller para gestionar y reproducir animaciones en tus objetos.

6.6.2 Creación de animaciones

Puedes crear animaciones directamente en Unity utilizando la ventana de Animation. Esta herramienta te permite grabar y editar animaciones fotograma a fotograma.

6.6.3 Control de animaciones mediante scripts

Puedes controlar las animaciones mediante scripts utilizando el componente Animator. Esto te permite reproducir, pausar y cambiar animaciones en respuesta a eventos del juego.

6.7 Audio

6.7.1 Importación de archivos de audio

Para importar archivos de audio, simplemente arrástralos a la carpeta de Assets. Unity soporta formatos comunes como WAV, MP3 y OGG.

6.7.2 Configuración de audio sources y audio listeners

Un AudioSource es un componente que reproduce sonidos. Un AudioListener es un componente que escucha los sonidos, generalmente adjunto a la cámara principal. Puedes configurar estos componentes para reproducir y controlar el audio en tu escena.

6.7.3 Control de audio mediante scripts

Puedes utilizar scripts para controlar los AudioSource, permitiéndote reproducir, pausar y ajustar el volumen del audio dinámicamente durante el juego.

Capítulo 7: Integración de Unity con Consolas de Videojuegos

En este capítulo, exploraremos cómo Unity facilita la integración de juegos con algunas de las consolas de videojuegos más populares del mercado. Desde PlayStation y Xbox hasta Nintendo Switch y más allá, Unity ofrece herramientas poderosas que permiten a los desarrolladores llevar sus creaciones a estas plataformas codiciadas.

Plataformas Soportadas

Unity es compatible con una amplia gama de consolas de videojuegos, proporcionando a los desarrolladores acceso directo a plataformas como PlayStation (PS4, PS5), Xbox (Xbox One, Xbox Series X|S), Nintendo Switch, y otras consolas menos comunes pero igualmente importantes.

SDKs y Documentación

Cada consola tiene su propio SDK (kit de desarrollo de software) que los desarrolladores deben integrar con Unity. Estos SDKs permiten el acceso a características específicas de la consola, como controles de usuario, funcionalidades de red, y optimización de rendimiento. Unity simplifica este proceso al proporcionar documentación detallada y ejemplos prácticos para cada plataforma.

Optimización de Rendimiento

Para aprovechar al máximo las capacidades de las consolas, Unity permite a los desarrolladores optimizar sus juegos en términos de uso de memoria, procesamiento gráfico avanzado y eficiencia de almacenamiento. Esto asegura que los juegos puedan ofrecer una experiencia fluida y de alta calidad en cada plataforma compatible.

Certificación y Publicación

Antes del lanzamiento de un juego en una consola, es crucial cumplir con los estándares de certificación de la plataforma correspondiente. Unity facilita este proceso al proporcionar herramientas integradas para realizar pruebas exhaustivas y resolver problemas potenciales antes de la certificación final.

Acceso a Características Específicas

Cada consola tiene características únicas que los desarrolladores pueden aprovechar, como sensores especiales, funcionalidades de realidad virtual y capacidades de streaming. Unity ofrece acceso a estas características a través de sus APIs y herramientas de desarrollo, permitiendo a los creadores innovar y diferenciar sus juegos en el mercado.

Capítulo 8: Optimización y Desarrollo para Dispositivos Móviles en Unity

En este capítulo, exploraremos cómo optimizar y desarrollar juegos para dispositivos móviles utilizando Unity. Los dispositivos móviles presentan desafíos únicos debido a sus limitaciones de hardware y variabilidad en capacidades de rendimiento. Aprenderemos estrategias clave para asegurar que nuestros juegos sean eficientes y brinden una experiencia de usuario óptima.

Introducción a la Optimización para Móviles:

Los dispositivos móviles, como smartphones y tablets, poseen recursos limitados en comparación con las plataformas de escritorio y consolas. Es fundamental comprender estas limitaciones para optimizar nuestros juegos y ofrecer una experiencia fluida y atractiva. La optimización no solo mejora el rendimiento, sino que también puede prolongar la duración de la batería y reducir problemas de calentamiento del dispositivo.

Configuración de Proyecto en Unity:

Al iniciar un proyecto en Unity para dispositivos móviles, es crucial realizar ajustes específicos. Esto incluye la configuración inicial del proyecto adaptada a las características de las plataformas móviles, como iOS y Android. La selección adecuada de la plataforma y la configuración de rendimiento son pasos clave para optimizar la ejecución del juego en diferentes dispositivos.

Optimización de Recursos:

La gestión eficiente de recursos como texturas, modelos y animaciones es esencial para mantener un rendimiento óptimo. Utilizar técnicas de LOD (Level of Detail) para reducir el poligonaje en modelos 3D y ajustar la calidad de las texturas mediante compresión son prácticas recomendadas para minimizar el uso de memoria sin comprometer la calidad visual.

Optimización de Renderización:

Para mejorar la eficiencia de la renderización en dispositivos móviles, es fundamental implementar técnicas como el culling para evitar renderizar objetos fuera del campo de visión del jugador. El uso de batching, que agrupa objetos similares para reducir el número de llamadas de renderizado, y el control de la resolución y densidad de píxeles son estrategias adicionales para optimizar el rendimiento gráfico.

Optimización de Código y Scripts:

Identificar y corregir cuellos de botella en el código es crucial para optimizar el rendimiento general del juego. Utilizar pool de objetos para gestionar eficientemente los recursos dinámicos y aplicar algoritmos optimizados para físicas y lógica del juego son prácticas efectivas para mejorar la eficiencia del código y reducir el consumo de recursos.

Pruebas y Perfilado:

El proceso de pruebas en dispositivos móviles reales y simuladores es fundamental para validar el rendimiento y la estabilidad del juego. Utilizar herramientas de Unity para el perfilado y análisis de rendimiento permite identificar áreas de mejora y realizar ajustes basados en métricas concretas obtenidas durante las pruebas.

Adaptación de Controles y UI para Móviles:

Diseñar controles táctiles intuitivos y responsivos es esencial para optimizar la jugabilidad en dispositivos móviles. Adaptar la interfaz de usuario para diferentes resoluciones y aspect ratios, así como implementar feedback háptico y sonoro, contribuye significativamente a mejorar la experiencia del usuario en dispositivos móviles.

Optimización Final y Publicación:

Antes de la publicación del juego, es crucial realizar ajustes finales y pruebas exhaustivas para asegurar que cumpla con los estándares de rendimiento y calidad esperados. Preparar paquetes de distribución optimizados para tiendas de aplicaciones como App Store y Google Play es el último paso antes de lanzar el juego al mercado. Además, establecer estrategias para mantener y actualizar el juego después del lanzamiento es fundamental para responder a retroalimentación de usuarios y mejorar continuamente la experiencia.

Capítulo 9: Implementación de IA en Unity: Movimiento y Toma de Decisiones

Introducción

En este capítulo, exploraremos cómo integrar la inteligencia artificial en tus juegos desarrollados en Unity. Nos centraremos en dos aspectos clave: el movimiento de los agentes controlados por IA y la toma de decisiones basadas en comportamientos.

Sección 1: Configuración del entorno y agentes

1. **Preparación del entorno de desarrollo**
   - Configuración de Unity para desarrollo de IA.
     - Abre Unity y crea un nuevo proyecto o utiliza uno existente.
     - Asegúrate de tener instaladas las herramientas necesarias para IA en Unity, como el sistema de navegación NavMesh.
     - Importa paquetes adicionales según sea necesario para comportamientos específicos.
2. **Creación de agentes controlados por IA**
   - Diseño de personajes o entidades que actuarán como agentes.
     - Crea modelos de personajes o selecciona assets disponibles.
     - Asigna componentes básicos como Rigidbody para físicas y Colliders para detección de colisiones.
     - Configura animaciones básicas si es necesario para el movimiento.

Sección 2: Movimiento controlado por IA

1. **Implementación de sistemas de movimiento**
   - Movimiento básico: movimiento lineal y rotacional.
     - Crea scripts en C# para controlar el movimiento del agente.
     - Implementa funciones para mover el agente en una dirección específica usando transformaciones.
     - Maneja la rotación del agente para enfrentarlo hacia la dirección correcta de movimiento.
   - Uso de físicas y colisiones para evitar obstáculos.
     - Integra colliders y raycasts para detectar obstáculos frente al agente.

- Implementa lógica para desviar el movimiento o evitar colisiones.
  - o Integración de rutas predefinidas y patrullas.
    - Define waypoints o puntos de patrulla para el agente.
    - Desarrolla un sistema para que el agente siga una ruta predefinida usando waypoints.

2. **Inteligencia de navegación**
   - o Uso de sistemas de navegación como NavMesh para movimiento eficiente.
     - Configura un NavMesh en tu escena para definir áreas de navegación.
     - Asigna componentes NavMeshAgent a tu agente para permitir que navegue usando el NavMesh.
     - Programa comportamientos para que el agente se mueva hacia destinos específicos dentro del NavMesh.

Sección 3: Toma de decisiones y comportamientos

1. **Introducción a los comportamientos**
   - o Definición de comportamientos básicos y complejos.
     - Establece diferentes estados de comportamiento para el agente (patrullaje, seguimiento, evasión, espera, etc.).
     - Define transiciones entre estados basadas en condiciones específicas (por ejemplo, detección de jugador, colisión con obstáculos, etc.).
   - o Uso de máquinas de estados para gestionar estados de comportamiento.
     - Implementa una máquina de estados utilizando patrones como State o Behaviour Tree.
     - Programa transiciones fluidas entre estados para que el agente responda de manera coherente a su entorno.

2. **Implementación de la lógica de toma de decisiones**
   - o Diseño de algoritmos para decidir acciones basadas en objetivos y condiciones.
     - Desarrolla algoritmos de toma de decisiones para que el agente seleccione acciones como seguir al jugador, buscar objetos, o atacar enemigos.

- Utiliza técnicas de IA como búsqueda A* para planificar rutas hacia objetivos específicos.
  - Ejemplos de comportamientos: patrullaje, búsqueda, evasión, seguimiento.
    - Implementa comportamientos específicos utilizando los algoritmos y lógica desarrollados.
    - Prueba y ajusta estos comportamientos para asegurarte de que sean efectivos y realistas dentro del contexto del juego.

Sección 4: Optimización y depuración

1. **Optimización del rendimiento**
   - Gestión de recursos y optimización de cálculos de IA.
     - Minimiza el uso de recursos mediante el control de la frecuencia de actualización de la IA.
     - Perfila el rendimiento para identificar y corregir cuellos de botella.
   - Pruebas de rendimiento y perfilado del código.
     - Utiliza herramientas de Unity para evaluar el rendimiento de tu IA.
     - Realiza pruebas exhaustivas para asegurarte de que la IA funcione de manera eficiente incluso en condiciones exigentes.
2. **Depuración de comportamientos**
   - Uso de herramientas de depuración en Unity para el seguimiento de decisiones de IA.
     - Implementa logs y visualizaciones en la interfaz de usuario para mostrar el estado interno de la IA.
     - Utiliza el modo de depuración de Unity para inspeccionar variables y estados de comportamiento en tiempo real.
   - Corrección de errores comunes y mejoras en la lógica de comportamiento.
     - Identifica y corrige errores de lógica en los comportamientos de la IA.
     - Itera sobre el diseño de comportamientos para mejorar la jugabilidad y la interacción del jugador con los agentes controlados por IA.

Capítulo 10: Avances en la Tecnología Futurista con Unity

Unity había evolucionado más allá de ser una simple plataforma de desarrollo de juegos. Gracias a avances revolucionarios en inteligencia artificial y realidad aumentada, Unity se había convertido en el centro neurálgico de la interacción digital global.

Inteligencia Artificial Avanzada: Unity AI, impulsado por algoritmos de aprendizaje profundo, no solo potenciaba personajes y entornos virtuales en juegos, sino que también era fundamental en la automatización de tareas complejas en la vida cotidiana. Desde asistentes virtuales personales hasta sistemas de diagnóstico médico asistido por IA, Unity AI había transformado la manera en que interactuamos con la tecnología.

Realidad Aumentada Ubicua: La integración de Unity con tecnologías de realidad aumentada había creado un mundo donde la frontera entre lo digital y lo físico se desvanecía. Desde gafas AR que proporcionaban información contextual instantánea hasta simulaciones interactivas de espacios urbanos en tiempo real, Unity AR había redefinido la experiencia humana en entornos tanto virtuales como reales.

Simulación Completa del Entorno: Gracias a su capacidad para manejar vastas cantidades de datos y procesar modelos complejos, Unity se había convertido en la plataforma preferida para la simulación de sistemas complejos. Desde simulaciones climáticas globales hasta la planificación urbana y la exploración espacial virtual, Unity permitía a los científicos y planificadores prever y modelar escenarios con un nivel de detalle sin precedentes.

Colaboración Global en Tiempo Real: La infraestructura de red avanzada de Unity permitía la colaboración global en tiempo real en proyectos de escala masiva. Equipos de investigadores, diseñadores y desarrolladores podían trabajar juntos de manera virtual como si estuvieran físicamente presentes en el mismo lugar, facilitando descubrimientos científicos, avances tecnológicos y creaciones artísticas nunca antes imaginadas.

Capítulo 11: Implementación de Inteligencia Artificial para los Fantasmas

Objetivo del Capítulo

En este capítulo, aprenderemos a implementar la inteligencia artificial (IA) para los fantasmas en nuestro juego de Pacman. Utilizaremos algoritmos clásicos para controlar el movimiento de los fantasmas y mejorar la jugabilidad.

Contenido del Capítulo

1. **Revisión del Diseño de los Fantasmas**
   - Antes de comenzar con la implementación de la IA, repasaremos el diseño actual de los fantasmas en nuestro juego. Recordaremos sus comportamientos básicos y cómo interactúan con Pacman.
2. **Introducción a la IA de los Fantasmas**
   - La inteligencia artificial juega un papel crucial en los juegos modernos, influenciando directamente la experiencia del jugador. En nuestro juego de Pacman, la IA de los fantasmas determinará cómo persiguen a Pacman y cómo evitan obstáculos.
3. **Implementación del Comportamiento Básico**
   - Comenzaremos implementando un comportamiento básico para los fantasmas. En esta etapa, los fantasmas pueden moverse aleatoriamente por el laberinto sin considerar a Pacman. Esto servirá como una base sobre la cual construiremos comportamientos más complejos.

   ```
   // Implementación básica de movimiento aleatorio para un fantasma
   void MoveRandomly() {
       // Lógica para mover el fantasma aleatoriamente por el laberinto
   }
   ```

4. **Algoritmo de Búsqueda de Caminos**
   - Introduciremos un algoritmo de búsqueda de caminos para permitir que los fantasmas persigan a Pacman de manera más inteligente. Utilizaremos el algoritmo A* (A-star), que es eficiente para juegos de laberintos y permite encontrar la ruta más corta entre dos puntos.

   ```
   // Implementación básica de búsqueda de caminos (A*) para que los
   fantasmas persigan a Pacman
   ```

```
void MoveTowardsPacman() {
    // Implementación de A* para encontrar el camino hacia Pacman
}
```

5. **Manejo de Obstáculos y Decisiones de Movimiento**
   - Los fantasmas deben poder evitar obstáculos, como paredes y otros fantasmas. Implementaremos lógica para que los fantasmas tomen decisiones de movimiento inteligentes, eligiendo rutas alternativas cuando encuentren un obstáculo en su camino hacia Pacman.

```
// Implementación de la lógica para evitar obstáculos y tomar decisiones de
movimiento
void AvoidObstaclesAndMakeDecisions() {
    // Lógica para evitar obstáculos y tomar decisiones basadas en el entorno
}
```

6. **Afinación y Optimización**
   - Ajustaremos los parámetros de la IA para equilibrar la dificultad del juego. Aseguraremos que los fantasmas sean desafiantes pero no imposibles de evadir para Pacman. También optimizaremos el rendimiento de la IA para garantizar que el juego funcione sin problemas incluso en dispositivos menos potentes.
7. **Desafío del Capítulo**
   - Implementa un sistema de IA para los fantasmas que les permita perseguir a Pacman de manera efectiva. Asegúrate de que los fantasmas puedan navegar por el laberinto, evitar obstáculos y crear una experiencia desafiante para el jugador.

Capítulo 12: Desarrollo de Niveles con el Editor de Mugen

Objetivo del Capítulo

En este capítulo, exploraremos cómo utilizar el editor de niveles de Mugen para crear escenarios personalizados y agregar profundidad visual y jugable a nuestro juego de lucha. Aprenderemos a manejar capas, importar recursos gráficos y configurar interacciones para crear experiencias de juego únicas.

Contenido del Capítulo

1. **Introducción al Editor de Mugen**
   - El editor de niveles de Mugen es una herramienta esencial para personalizar juegos de lucha, permitiendo a los desarrolladores y diseñadores crear escenarios únicos y adaptados a la estética y mecánicas del juego. Este capítulo se centrará en cómo utilizar eficazmente esta herramienta para maximizar el potencial visual y jugable del juego.
2. **Interfaz del Editor**
   - Al iniciar el editor de Mugen, nos encontramos con una interfaz dividida en áreas clave:
     - **Paneles de Herramientas:** Aquí encontraremos opciones para gestionar capas, añadir elementos decorativos y configurar propiedades del nivel.
     - **Panel de Capas:** Permite manejar las capas del nivel, esencial para crear la profundidad visual mediante el uso de fondos y elementos del primer plano.
     - **Panel de Objetos:** Donde se añaden y gestionan los elementos interactivos del nivel, como plataformas móviles, puertas o trampas.
     - **Área de Visualización:** Donde se previsualiza el nivel conforme se va diseñando.
3. **Configuración de Capas y Fondos**
   - Las capas son esenciales para crear la ilusión de profundidad y movimiento en el juego. El editor de Mugen permite configurar múltiples capas con diferentes velocidades de desplazamiento (paralaje) para simular movimiento y crear fondos dinámicos.

- **Agregar y Gestionar Capas:** Utiliza opciones en el panel de capas para crear nuevas capas, ajustar su orden y configurar la velocidad de desplazamiento.
- **Configuración de Fondos:** Importa recursos gráficos para fondos estáticos o animados. Ajusta la posición y el movimiento para cada capa de fondo según sea necesario.

4. **Importación y Edición de Gráficos**
   - Para mantener la coherencia visual del juego, es crucial importar y editar gráficos adecuadamente.
     - **Importación de Sprites:** Utiliza herramientas de importación para añadir sprites de personajes, objetos y fondos al proyecto de Mugen.
     - **Edición y Optimización:** Ajusta los sprites para que se ajusten al estilo artístico del juego y optimiza el tamaño de archivo para mejorar el rendimiento.

5. **Configuración de Objetos Interactivos**
   - Los objetos interactivos enriquecen la jugabilidad al proporcionar desafíos y mecánicas únicas para los jugadores.
     - **Añadir Objetos Interactivos:** Utiliza el panel de objetos para seleccionar y colocar elementos como plataformas móviles, interruptores o trampas.
     - **Configuración de Propiedades:** Define las propiedades y comportamientos de cada objeto interactivo, como su movimiento, activación por el jugador o condiciones de desactivación.

6. **Optimización y Pruebas**
   - A medida que desarrollas el nivel, es importante optimizar su rendimiento y realizar pruebas exhaustivas para garantizar una experiencia de juego fluida y libre de errores.
     - **Optimización de Rendimiento:** Reduce el uso de recursos ajustando el número de capas y el tamaño de los sprites según sea necesario.
     - **Pruebas de Jugabilidad:** Realiza pruebas para verificar la funcionalidad de los objetos interactivos, la navegación del jugador y la coherencia visual.

7. **Desafío del Capítulo**

o   Para poner en práctica lo aprendido, crea un nivel completo utilizando el editor de Mugen. Asegúrate de implementar múltiples capas con fondos dinámicos y al menos un elemento interactivo para mejorar la experiencia de juego.

Introducción:

En este capítulo especial de Mugen Editor, exploramos la nostalgia y la influencia de los juegos clásicos en la creación contemporánea de personajes y escenarios para juegos de lucha. Desde los arcade hasta las consolas retro, muchos de estos títulos han dejado una marca indeleble en la cultura gamer.

1. Street Fighter II: La Revolución de los Combates

- **Personajes Inspirados:** Creación de personajes que rinden tributo a los icónicos luchadores de Street Fighter II como Ryu, Chun-Li, y Blanka. Inclusión de movimientos y técnicas características de este legendario juego de Capcom.
- **Escenarios Emblemáticos:** Diseño de escenarios que capturan la esencia de los lugares más famosos de Street Fighter II, como el Templo Kanzuki y el Ring de Sumo.

2. Mortal Kombat: La Sangrienta Batalla por la Supremacía

- **Fatalities y Brutalities:** Implementación de movimientos finales y secuencias de finalización que recuerdan a las famosas Fatalities y Brutalities de Mortal Kombat. Detalles gráficos y sonoros para aumentar la intensidad y emoción de los combates.
- **Arena del Torneo:** Creación de un escenario inspirado en el clásico escenario del torneo Mortal Kombat, con detalles interactivos y trampas mortales.

3. Super Smash Bros: El Crossover de Leyenda

- **Cameos y Crossovers:** Incorporación de personajes invitados de otros juegos clásicos y contemporáneos, permitiendo enfrentamientos épicos entre íconos del mundo del videojuego.
- **Niveles Inspirados:** Diseño de escenarios que combinan elementos de múltiples universos de juegos, ofreciendo desafíos únicos y visualmente espectaculares.

PRÁCTICAS DE LABORATORIO

Unity es una plataforma de desarrollo de videojuegos y experiencias interactivas en 3D y 2D, ampliamente utilizada en la industria por su versatilidad y potencia. Proporciona a los desarrolladores una completa suite de herramientas para crear y optimizar videojuegos, simulaciones y aplicaciones de realidad virtual y aumentada.

Objetivos del Curso

El principal objetivo de estas prácticas de laboratorio es introducir a los estudiantes en el uso de Unity como herramienta para el desarrollo de videojuegos y aplicaciones interactivas. Al final del curso, los estudiantes deberán ser capaces de:

- Entender los conceptos básicos de la interfaz de Unity.
- Utilizar el motor gráfico de Unity para crear escenas y personajes.
- Implementar scripts en C# para controlar el comportamiento de los objetos del juego.
- Aplicar técnicas básicas de física y animación en sus proyectos.
- Desarrollar un proyecto completo desde la idea inicial hasta un prototipo jugable.

Metodología

El curso se llevará a cabo mediante una serie de prácticas de laboratorio que permitirán a los estudiantes aprender haciendo. Cada práctica abordará diferentes aspectos del desarrollo con Unity, desde los fundamentos hasta técnicas más avanzadas. Los estudiantes trabajarán en equipos para fomentar la colaboración y el intercambio de ideas, y cada sesión incluirá una breve explicación teórica seguida de ejercicios prácticos.

Herramientas y Recursos

- **Unity Hub**: Aplicación para gestionar las instalaciones de Unity y los proyectos.
- **Unity Editor**: Entorno de desarrollo integrado donde se construyen y editan los proyectos.
- **C#**: Lenguaje de programación utilizado para crear scripts en Unity.

- **Asset Store**: Repositorio en línea donde se pueden descargar recursos como modelos, texturas y scripts para utilizar en los proyectos.

1. **TEMA:** Introducción a Unity

2. **OBJETIVOS:**

- Familiarizar a Unity como una plataforma integral para el desarrollo de contenido interactivo en 3D en tiempo real.
- Analizar la interfaz de Unity.

3. **INTRODUCCION:**

Unity es más que un motor: es la plataforma líder en el mundo para crear y operar contenido interactivo 3D en tiempo real (RT3D). Programadores de juegos, artistas, arquitectos, diseñadores automotrices y cineastas, entre otros, utilizan Unity para dar vida a los productos de su imaginación.

Entre las características clave de Unity:

- **Plataforma Integral:** Unity no solo es un motor de juego, sino también una plataforma completa para crear experiencias interactivas. Desde videojuegos hasta aplicaciones de realidad virtual (VR) y realidad aumentada (AR), Unity lo abarca todo.
- **Editor Visual:** El Editor de Unity proporciona una interfaz gráfica intuitiva para diseñar escenas, importar activos, ajustar la iluminación y más. Es una herramienta poderosa para crear mundos virtuales.
- **Comunidad Activa:** Unity cuenta con una comunidad global de creadores, donde puedes compartir conocimientos, obtener respuestas a tus preguntas y buscar inspiración.
- **Aprendizaje Gratuito:** Unity Learn ofrece más de 750 horas de contenido de aprendizaje gratuito y bajo demanda. Puedes explorar trayectos específicos según tus intereses, como los aspectos básicos de Unity, desarrollo de VR y más.
- **Descarga e Instalación:** Para comenzar, descarga e instala el Editor de Unity. Si eres nuevo en Unity, puedes usar la versión gratuita llamada Unity Personal.

4. DESARROLLO:

Instalamos unity siguiendo este enlace: https://unity.com/download

Luego de instalar ejecutamos, nos genera una pagina para registrarnos

Luego de registrarnos e iniciar sesión:

Nos redireccionará a:

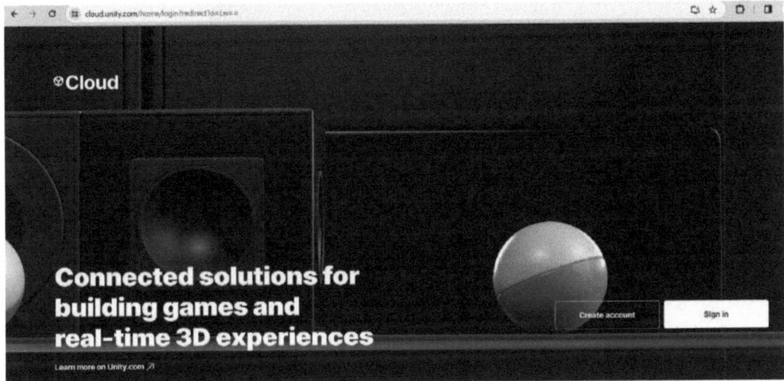

Seleccionamos el campo:

Personalizamos:

Tendremos un panel a nivel de la nube

Luego para crear un proyecto iniciamos sesión en unity hub, seleccionamos todos los templates

Seleccionamos Karting Microgame

En esta pantalla vemos un tutorial de la construcción del juego:

Podemos observar algunas etapas de la construcción del videojuego

Vamos a File, game settings y seleccionamos WebGL

Teniendo:

5. CONCLUSIONES:

- Los primeros pasos en Unity proporcionan una introducción fundamental al desarrollo de juegos y a la interfaz de usuario intuitiva de Unity.

- A través de la creación de escenas y la manipulación de objetos, los desarrolladores pueden comenzar a construir entornos y definir interacciones.

- Los scripts en C# permiten definir el comportamiento de los objetos, incluido el movimiento y la interacción con otros elementos del juego.

- Configurar los controles es esencial para proporcionar una experiencia de juego cómoda para los jugadores. Además, entender los conceptos de física y colisiones en Unity es crucial para crear juegos interactivos y realistas.

- En resumen, estos primeros pasos sientan las bases para proyectos más complejos y ambiciosos en Unity, ofreciendo la oportunidad de crear una variedad de juegos impresionantes y creativos con práctica y dedicación.

6. BIBLIOGRAFÍA:

Aguas Bucheli, L. F. (2023a). Dominando la Programación Orientada a Objetos con Java en NetBeans. Our Knowledge Publishing.

- Aguas Bucheli, L. F. (2023b). Manos a la Obra: Prácticas de Laboratorio en Estructuras de Datos. Our Knowledge Publishing.
- Aguas, L., Recalde, H., Toasa, R., & Salazar, E. (2023). Design of a video game applying a layered architecture based on the unity framework. En Lecture Notes in Networks and Systems (pp. 535–550). Springer International Publishing.
- Aguas, L. (2023). Modelado 3D del Estadio Olímpico Atahualpa mediante la metodología de diseño hipermedia. Proquest.com. https://proquest.com/openview/dc587bdc2c3025c64fc7f9f423a34c38/1?pq-origsite=gscholar&cbl=1006393
- Aguas, L., Suárez, L., Coral, R., & Machay, B. (2023). 3D modelling of freedom summit for virtual environments. En Trends in Artificial Intelligence and Computer Engineering (pp. 548–560). Springer Nature Switzerland.

1. **TEMA:** Juego Pong en Unity

2. **OBJETIVOS:**

- Familiarizar a Unity como una plataforma integral para el desarrollo de contenido interactivo en 3D en tiempo real.
- Analizar la interfaz de Unity.

3. **INTRODUCCION:**

El juego Pong es uno de los primeros videojuegos de arcade y puede considerarse el precursor de los videojuegos modernos. Es una simulación simple de tenis en dos dimensiones, donde los jugadores controlan paletas que se mueven verticalmente en los extremos de la pantalla para golpear una pelota hacia el lado contrario. El objetivo es evitar que la pelota pase por su lado mientras intentan que la pelota pase por el lado del oponente. Fue creado en la década de 1970 y alcanzó gran popularidad, marcando el inicio de la industria de los videojuegos

El juego Pong en Unity es una recreación digital del clásico juego de ping pong. Dos jugadores controlan barras (paletas) en la pantalla, con el objetivo de golpear una pelota y enviarla al lado contrario sin que el oponente pueda devolverla. El jugador marca un punto cuando la pelota pasa por el lado del oponente y no es devuelta.

Para implementarlo en Unity, se configura un proyecto 2D, se crean los sprites para la pelota y las paletas, se añaden físicas con RigidBody2D y BoxCollider2D, y se programa el movimiento y la lógica del juego con scripts en C#

4. **DESARROLLO:**

Abrimos Unity y creamos un nuevo proyecto

Luego en MainCamera, seleccionamos el background en color negro

Creamos un nuevo con el nombre de Ball

Colocamos en Inspector

Duplicamos

Renombramos como Paddle1, y en inspector colocamos

Duplicamos el Paddle1, y colocamos en el nombre Paddle2 y en inspector colocamos

Duplicamos el Paddle2 y colocamos como nombre TopWall y en Inspector colocamos

Duplicamos el TopWall y colocamos como nombre BottonWall y en Inspector colocamos

Duplicamos el BottonWall y colocamos como nombre Goal1 y en Inspector colocamos

Duplicamos el Goal1 y colocamos como nombre Goal2 y en Inspector colocamos

Duplicamos el Goal2 y colocamos como nombre MiddleLine y en Inspector colocamos

Creamos un script con el nombre de Ball

Colocamos el siguiente código dando doble clic

```
using System.Collections;
using System.Collections.Generic;
using UnityEngine;

public class Ball : MonoBehaviour
{

    [SerializeField] private float initialVelocity = 4f;
    [SerializeField] private float VelocityMultiplier = 1.1f;

    private Rigidbody2D ballRb;
```

```csharp
void Start()
{
    ballRb = GetComponent<Rigidbody2D>();
    Launch();
}


private void Launch()

{
    float xVelocity = Random.Range(0,2) ==0 ? 1 : -1;
    float yVelocity = Random.Range(0,2) == 0 ? 1 : -1;
    ballRb.velocity=new Vector2(xVelocity,yVelocity)*initialVelocity;
}
private void onCollisionEnter2D(Collision2D collision)
{
    ballRb.velocity*= VelocityMultiplier;
}
void Update()
{

}
}
```

Creamos otro script con el nombre de Paddle

Luego damos doble clic y colocamos el siguiente código

```csharp
using System.Collections;
using System.Collections.Generic;
using UnityEngine;

public class Paddle : MonoBehaviour
{
    [SerializeField] private float speed = 7f;
    [SerializeField] private bool isPaddle1;

    private float yBound = 3.75f;
```

```
  void Update()
  {

    float movement;
    if(isPaddle1)
    {
      movement = Input.GetAxisRaw("Vertical");
    }
    else

    {
      movement = Input.GetAxisRaw("Vertical2");
    }

    Vector2 paddlePosition = transform.position;
    paddlePosition.y = Mathf.Clamp(paddlePosition.y + movement * speed *
Time.deltaTime, -yBound, yBound);
    transform.position = paddlePosition;
  }
}
```

Colocamos el nombre de Bouncy y en Inspector colocamos

Seleccionamos Ball y añadimos un componente Box Collider 2D y RigidBody2D

En Box Collider 2D y RigidBody2D colocamos material Bouncy y el RigidBody2D en Collision Detection que sea Continuous

Añadimos otro componente.

En Paddle1 y Paddle2 añadimos un componente Box Collider 2D y RigidBody2D

Arrastramos **a** Paddle1 y Paddle2 el script Paddle

Luego en Paddle1

Seleccionamos TopWall y añadimos un componente Box Collider 2D

Seleccionamos BottonWall y añadimos un componente Box Collider 2D

Seleccionamos Goal1 y añadimos un componente Box Collider 2D

Seleccionamos Goal2 y añadimos un componente Box Collider 2D

En Goal1 y Goal2, marcamos

En Paddle1 y Paddle2, seleccionamos Kinematic

Vamos a:

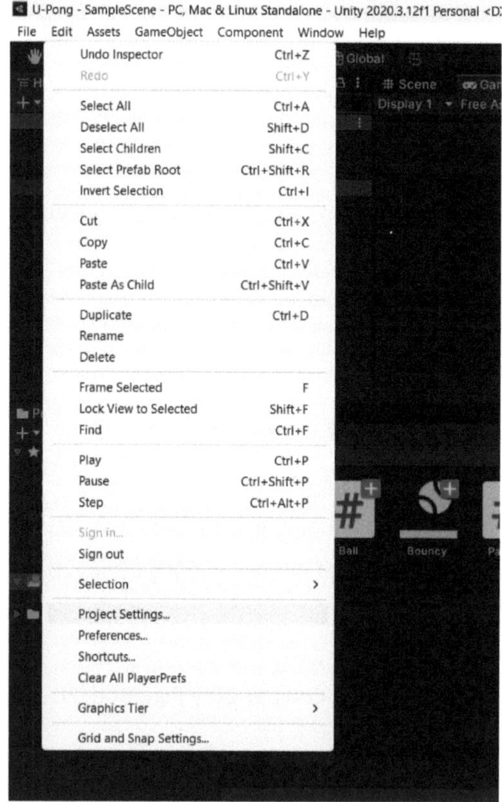

5. VISUALIZACIÓN

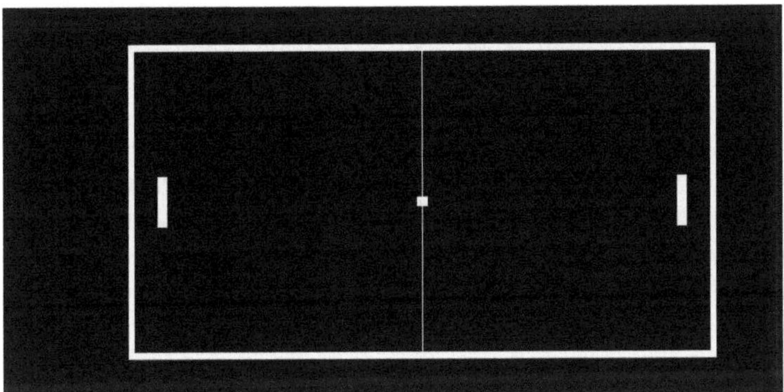

6. CONCLUSIONES:

Implementar el juego Pong en Unity puede ofrecer varias conclusiones interesantes:

- **Aprendizaje de Físicas y Controles:** La implementación de Pong en Unity es una excelente oportunidad para aprender sobre el sistema de físicas de Unity, especialmente cómo los objetos interactúan y reaccionan a las colisiones. Además, permite practicar la creación de controles de usuario receptivos y suaves.
- **Fundamentos de la Programación de Juegos:** Pong es un proyecto ideal para principiantes, ya que abarca muchos de los conceptos básicos de la programación de juegos, como bucles de juego, estados de juego, y manejo de eventos.
- **Optimización y Rendimiento:** Aunque Pong es un juego simple, optimizar el rendimiento y asegurar que funcione sin problemas puede ser un buen ejercicio. Esto incluye la gestión eficiente de la memoria y la optimización del código.
- **Creatividad y Expansión:** Una vez que se domina la versión básica de Pong, hay un amplio margen para la creatividad. Se pueden agregar características adicionales como power-ups, diferentes modos de juego, y gráficos mejorados, lo que puede llevar a una comprensión más profunda de Unity y el desarrollo de juegos en general.

7. BIBLIOGRAFÍA:

- Aguas Bucheli, L. F. (2023a). Dominando la Programación Orientada a Objetos con Java en NetBeans. Our Knowledge Publishing.
- Aguas Bucheli, L. F. (2023b). Manos a la Obra: Prácticas de Laboratorio en Estructuras de Datos. Our Knowledge Publishing.
- Aguas, L., Recalde, H., Toasa, R., & Salazar, E. (2023). Design of a video game applying a layered architecture based on the unity framework. En Lecture Notes in Networks and Systems (pp. 535–550). Springer International Publishing.
- Aguas, L. (2023). Modelado 3D del Estadio Olímpico Atahualpa mediante la metodología de diseño hipermedia. Proquest.com. https://proquest.com/openview/dc587bdc2c3025c64fc7f9f423a34c38/1?pq-origsite=gscholar&cbl=1006393
- Aguas, L., Suárez, L., Coral, R., & Machay, B. (2023). 3D modelling of freedom summit for virtual environments. En Trends in Artificial Intelligence and Computer Engineering (pp. 548–560). Springer Nature Switzerland.

1. **TEMA:** Inserción de Personajes

2. **OBJETIVOS:**

- Familiarizar a Unity como una plataforma integral para el desarrollo de contenido interactivo en 3D en tiempo real.
- Analizar la interfaz de Unity.

3. **INTRODUCCION:**

Los componentes 3D en Unity son aquellos que se utilizan para manipular objetos y crear efectos visuales en un entorno tridimensional. Aquí tienes algunos de los componentes 3D más comunes en Unity:

- **Transform:** Este es el componente básico que todos los GameObjects tienen en Unity. Controla la posición, la rotación y la escala del objeto en el espacio tridimensional.

- **Mesh Renderer:** Este componente permite que un objeto se muestre en la escena de Unity. Define cómo se renderiza el objeto, incluidos los materiales, las texturas y la iluminación.

- **Mesh Filter:** Este componente se utiliza para especificar la forma geométrica de un objeto 3D. Se utiliza para adjuntar mallas (meshes) a GameObjects para definir su forma.

- **Collider:** Los colliders son componentes que se utilizan para detectar colisiones entre objetos en la escena. Pueden ser simples formas geométricas como cubos, esferas o cápsulas, o pueden ser mallas más complejas.

- **Rigidbody:** Este componente se utiliza para simular la física en los GameObjects. Agregar un Rigidbody permite que un objeto responda a la gravedad, la fuerza y otras fuerzas físicas.

- **Animator:** Este componente se utiliza para controlar animaciones en un GameObject. Permite la reproducción de animaciones creadas en Unity, como caminar, correr, saltar, etc.

- **Light:** Los componentes de luz se utilizan para iluminar la escena. Pueden ser luces direcionales, de punto, de área o de mancha, y afectan cómo se ven los objetos en la escena.

- **Audio Source:** Este componente se utiliza para reproducir sonidos en un GameObject. Se puede usar para agregar efectos de sonido a objetos en la escena.

- **Particle System:** Este componente se utiliza para crear y controlar efectos de partículas, como fuego, humo, chispas, etc. Es muy útil para crear efectos visuales complejos y dinámicos.

Exporta el objeto desde Blender:

- Abre tu proyecto en Blender.
- Selecciona el objeto que deseas exportar.
- Ve al menú "Archivo" (File) y selecciona "Exportar" (Export).
- Elige el formato de archivo que prefieras. El formato FBX es comúnmente usado para exportar modelos 3D a Unity. También puedes usar otros formatos como OBJ.
- Configura las opciones de exportación según tus necesidades y guarda el archivo en una ubicación accesible.

Importa el objeto a Unity:

- En Unity, abre tu proyecto.
- Navega hasta la carpeta donde guardaste el archivo exportado desde Blender.
- Haz clic derecho en la carpeta "Assets" en la ventana "Project" y selecciona "Import New Asset" (Importar nuevo recurso).
- Selecciona el archivo FBX (o el formato que hayas elegido) que exportaste desde Blender y haz clic en "Import" (Importar).
- Unity importará el archivo y lo colocará en tu proyecto.

Utiliza el objeto en tu escena:

- Una vez importado, puedes arrastrar y soltar el objeto desde la ventana "Project" a tu escena en la ventana "Hierarchy" o "Scene".
- También puedes instanciar el objeto en tu escena desde el menú "GameObject" en la barra de herramientas, seleccionando "3D Object" y luego el objeto correspondiente.

Ajusta la configuración según sea necesario:

- Una vez que el objeto está en tu escena, puedes ajustar su posición, rotación y escala utilizando las herramientas de manipulación en la escena.
- Puedes aplicar materiales y texturas al objeto según sea necesario.

4. DESARROLLO:

Abrimos Unity y creamos un nuevo proyecto

Descargamos un componente de:
https://mega.nz/folder/yAtUXAqK#QdQ4LJKWxPwhHsiAWhTgqg

Damos clic en el área de Assets, teniendo:

Importamos new Asset

Arrastramos el componente a la escena

Expandimos la carpeta del objeto agregado

Damos clic en el personaje y colocamos en inspector

Creamos un nuevo script

Colocamos el siguiente código

using UnityEngine;

public class AnimacionPersonaje : MonoBehaviour
{

```csharp
    private Animator animator; // Referencia al componente Animator
    private Rigidbody rb; // Referencia al componente Rigidbody

    public float velocidadMovimiento = 5.0f; // Velocidad de movimiento del
personaje

    void Start()
    {
        // Obtener referencias a los componentes necesarios
        animator = GetComponent<Animator>();
        rb = GetComponent<Rigidbody>();
    }

    void Update()
    {
        // Obtener el input de movimiento horizontal y vertical
        float movimientoHorizontal = Input.GetAxis("Horizontal");
        float movimientoVertical = Input.GetAxis("Vertical");

        // Actualizar la velocidad del Rigidbody según el input
        Vector3 movimiento = new Vector3(movimientoHorizontal, 0.0f,
movimientoVertical);
        rb.velocity = movimiento * velocidadMovimiento;

        // Si el personaje se está moviendo, activar la animación de caminar
        if (movimiento.magnitude > 0)
        {
            animator.SetBool("Caminando", true);
        }
        else // Si no se está moviendo, desactivar la animación de caminar
        {
            animator.SetBool("Caminando", false);
        }
    }
}
```

Teniendo

Arrastramos el script al objeto 3d

Luego añadimos component RigidBody

Luego añadimos component Animator

Y si damos clic en el botón de play, vemos que se mueve verticalmente

Creamos otro script

```csharp
using UnityEngine;

public class CaminarPersonaje : MonoBehaviour
{
    public float velocidad = 2.0f; // Velocidad de movimiento del personaje
    public float velocidadRotacion = 100.0f; // Velocidad de rotación del personaje

    private Animator animator; // Referencia al componente Animator

    void Start()
    {
        // Obtener el componente Animator del GameObject
        animator = GetComponent<Animator>();
    }

    void Update()
    {
        // Obtener la entrada de movimiento horizontal y vertical
        float movimientoHorizontal = Input.GetAxis("Horizontal");
        float movimientoVertical = Input.GetAxis("Vertical");

        // Calcular el vector de movimiento basado en la entrada del jugador
```

```csharp
        Vector3 movimiento = new Vector3(movimientoHorizontal, 0.0f,
movimientoVertical);

        // Normalizar el vector de movimiento para mantener una velocidad constante
si el jugador se está moviendo en diagonal
        movimiento = movimiento.normalized;

        // Rotar el personaje hacia la dirección de movimiento
        if (movimiento != Vector3.zero)
        {
            Quaternion rotacion = Quaternion.LookRotation(movimiento);
            transform.rotation = Quaternion.RotateTowards(transform.rotation,
rotacion, velocidadRotacion * Time.deltaTime);
        }

        // Aplicar movimiento al personaje
        transform.Translate(movimiento * velocidad * Time.deltaTime, Space.World);

        // Actualizar el parámetro de animación "Velocidad" en el Animator
        float velocidadAnimacion = movimiento.magnitude;
        animator.SetFloat("Velocidad", velocidadAnimacion);
    }
}
```

Teniendo:

Creamos un animator controller

Con el nombre de PersonajeController

Seleccionamos el componente anterior y creamos un nuevo estado con el nombre
de caminar

Creamos una avatarmask

Creamos nueva animation

Luego damos clic en play.

5. CONCLUSIONES:

- Animar objetos en Unity 3D es una parte esencial del proceso de desarrollo de juegos y aplicaciones interactivas. Unity ofrece una amplia gama de herramientas y técnicas para animar objetos, lo que permite a los desarrolladores crear una variedad de efectos visuales y comportamientos para sus juegos y aplicaciones.

- Unity proporciona un conjunto de herramientas de animación integradas, como el sistema Mecanim para personajes humanoides y el sistema de partículas para efectos visuales, que permiten a los desarrolladores crear animaciones complejas de manera eficiente.

- Los objetos en Unity pueden animarse programáticamente utilizando scripts en C# o JavaScript. Esto brinda a los desarrolladores un control preciso sobre el comportamiento de la animación y la capacidad de crear animaciones interactivas y dinámicas.

- Es importante optimizar las animaciones en Unity para garantizar un rendimiento óptimo, especialmente en dispositivos móviles y en plataformas de baja potencia. Esto puede incluir el uso de técnicas como el uso de animaciones basadas en eventos y la reducción del número de vértices en las mallas animadas para minimizar el costo computacional.

- En resumen, animar objetos en Unity 3D es una tarea fundamental para crear experiencias visuales atractivas e interactivas en juegos y aplicaciones. Con las herramientas y técnicas adecuadas, los desarrolladores pueden lograr una amplia variedad de efectos visuales y comportamientos animados en sus proyectos.

6. BIBLIOGRAFÍA:

- Aguas Bucheli, L. F. (2023a). Dominando la Programación Orientada a Objetos con Java en NetBeans. Our Knowledge Publishing.
- Aguas Bucheli, L. F. (2023b). Manos a la Obra: Prácticas de Laboratorio en Estructuras de Datos. Our Knowledge Publishing.
- Aguas, L., Recalde, H., Toasa, R., & Salazar, E. (2023). Design of a video game applying a layered architecture based on the unity framework. En Lecture Notes in Networks and Systems (pp. 535–550). Springer International Publishing.
- Aguas, L. (2023). Modelado 3D del Estadio Olímpico Atahualpa mediante la metodología de diseño hipermedia. Proquest.com. https://proquest.com/openview/dc587bdc2c3025c64fc7f9f423a34c38/1?pq-origsite=gscholar&cbl=1006393
- Aguas, L., Suárez, L., Coral, R., & Machay, B. (2023). 3D modelling of freedom summit for virtual environments. En Trends in Artificial Intelligence and Computer Engineering (pp. 548–560). Springer Nature Switzerland.

1. TEMA: Asset Store

2. OBJETIVOS:

- Familiarizar a Unity como una plataforma integral para el desarrollo de contenido interactivo en 3D en tiempo real.
- Analizar la interfaz de Unity.

3. INTRODUCCION:

Los componentes 3D en Unity son aquellos que se utilizan para manipular objetos y crear efectos visuales en un entorno tridimensional. Aquí tienes algunos de los componentes 3D más comunes en Unity:

- **Transform:** Este es el componente básico que todos los GameObjects tienen en Unity. Controla la posición, la rotación y la escala del objeto en el espacio tridimensional.

- **Mesh Renderer:** Este componente permite que un objeto se muestre en la escena de Unity. Define cómo se renderiza el objeto, incluidos los materiales, las texturas y la iluminación.

- **Mesh Filter:** Este componente se utiliza para especificar la forma geométrica de un objeto 3D. Se utiliza para adjuntar mallas (meshes) a GameObjects para definir su forma.

- **Collider:** Los colliders son componentes que se utilizan para detectar colisiones entre objetos en la escena. Pueden ser simples formas geométricas como cubos, esferas o cápsulas, o pueden ser mallas más complejas.

- **Rigidbody:** Este componente se utiliza para simular la física en los GameObjects. Agregar un Rigidbody permite que un objeto responda a la gravedad, la fuerza y otras fuerzas físicas.

- **Animator:** Este componente se utiliza para controlar animaciones en un GameObject. Permite la reproducción de animaciones creadas en Unity, como caminar, correr, saltar, etc.

- **Light:** Los componentes de luz se utilizan para iluminar la escena. Pueden ser luces direcionales, de punto, de área o de mancha, y afectan cómo se ven los objetos en la escena.

- **Audio Source:** Este componente se utiliza para reproducir sonidos en un GameObject. Se puede usar para agregar efectos de sonido a objetos en la escena.

- **Particle System:** Este componente se utiliza para crear y controlar efectos de partículas, como fuego, humo, chispas, etc. Es muy útil para crear efectos visuales complejos y dinámicos.

Exporta el objeto desde Blender:

- Abre tu proyecto en Blender.
- Selecciona el objeto que deseas exportar.

- Ve al menú "Archivo" (File) y selecciona "Exportar" (Export).
- Elige el formato de archivo que prefieras. El formato FBX es comúnmente usado para exportar modelos 3D a Unity. También puedes usar otros formatos como OBJ.
- Configura las opciones de exportación según tus necesidades y guarda el archivo en una ubicación accesible.

Importa el objeto a Unity:

- En Unity, abre tu proyecto.
- Navega hasta la carpeta donde guardaste el archivo exportado desde Blender.
- Haz clic derecho en la carpeta "Assets" en la ventana "Project" y selecciona "Import New Asset" (Importar nuevo recurso).
- Selecciona el archivo FBX (o el formato que hayas elegido) que exportaste desde Blender y haz clic en "Import" (Importar).
- Unity importará el archivo y lo colocará en tu proyecto.

Utiliza el objeto en tu escena:

- Una vez importado, puedes arrastrar y soltar el objeto desde la ventana "Project" a tu escena en la ventana "Hierarchy" o "Scene".
- También puedes instanciar el objeto en tu escena desde el menú "GameObject" en la barra de herramientas, seleccionando "3D Object" y luego el objeto correspondiente.

Ajusta la configuración según sea necesario:

- Una vez que el objeto está en tu escena, puedes ajustar su posición, rotación y escala utilizando las herramientas de manipulación en la escena.
- Puedes aplicar materiales y texturas al objeto según sea necesario.

4. DESARROLLO:

Ingresamos en assetstore.unity.com

Vamos a filtros

Damos clic en Add to My Assets.

Nos va a pedir crearnos una cuenta

Luego volvemos a dar clic Add to My Assets

Luego Open en Unity

Luego creamos un nuevo proyecto en 2d, con el nombre de personaje

Nos vamos a Package Manager

Damos clic en Download

Luego Clic en import

Seleccionamos todos

Luego en Import

Ingresamos:

https://assetstore.unity.com/packages/2d/characters/simple-2d-platformer-assets-pack-188518

Buscamos este Asset

Añadimos

Descargamos e Importamos

Luego renombramos el siguiente con el nombre de Jugador

Teniendo

Añadimos un BoxCollider2D

Añadimos un Rigibody2D

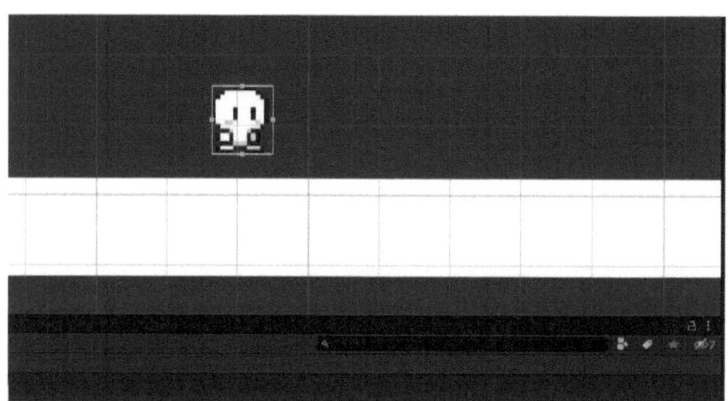

Seleccionamos Continuous

Damos Freeze en Z

Creamos un Script con el nombre de Movimiento

```
using System.Collections;
using System.Collections.Generic;
using UnityEngine;

public class MovimientoJugador : MonoBehaviour
{
    private Rigidbody2D rb2D;

    [Header("Movimiento")]

    private float movimientoHorizaontal = 0f;

    [SerializeField] private float velocidadDeMovimiento;

    [SerializeField] private float suavizadoDeMovimiento;
```

```csharp
    private Vector3 velocidad=Vector3.zero;

    private bool mirandoDerecha = true;

    private void Start()
    {
        rb2D = GetComponent<Rigidbody2D>();
    }

    private void Update()
    {
        movimientoHorizaontal        =        Input.GetAxisRaw("Horizontal")        *
velocidadDeMovimiento;
    }

    private void FixedUpdate()
    {
        //Mover
        Mover(movimientoHorizaontal * Time.fixedDeltaTime);
    }

    private void Mover(float mover)
    {
        Vector3 velocidadObjetivo= new Vector2(mover,rb2D.velocity.y);
        rb2D.velocity=Vector3.SmoothDamp(rb2D.velocity,velocidadObjetivo,ref
velocidad,suavizadoDeMovimiento);

        if(mover > 0 && !mirandoDerecha)
        {
            //Girar
            Girar();

        }
        else if(mover < 0 && mirandoDerecha) {

            //Girar
            Girar();
```

```csharp
    }
  }

  private void Girar()
  {
    mirandoDerecha = !mirandoDerecha;
    Vector3 escala = transform.localScale;
    escala.x *= -1;
    transform.localScale = escala;
  }
}
```

Creamos un Empty

Renombramos como: ControladorSuelo

Incluimos en el Script

```csharp
[Header("Salto")]

    [SerializeField] private float fuerzaDeSalto;

    [SerializeField] private LayerMask queEsSuelo;

    [SerializeField] private Transform controladorSuelo;

    [SerializeField] private Vector3 dimensionesCaja;

    [SerializeField] private bool enSuelo;

    private bool salto=false;
```

Luego realizamos otros cambios,teniendo:

```csharp
using System.Collections;
using System.Collections.Generic;
using UnityEngine;

public class MovimientoJugador : MonoBehaviour
{
    private Rigidbody2D rb2D;

    [Header("Movimiento")]

    private float movimientoHorizaontal = 0f;

    [SerializeField] private float velocidadDeMovimiento;

    [SerializeField] private float suavizadoDeMovimiento;

    private Vector3 velocidad=Vector3.zero;

    private bool mirandoDerecha = true;

    [Header("Salto")]

    [SerializeField] private float fuerzaDeSalto;

    [SerializeField] private LayerMask queEsSuelo;

    [SerializeField] private Transform controladorSuelo;

    [SerializeField] private Vector3 dimensionesCaja;

    [SerializeField] private bool enSuelo;

    private bool salto=false;

    private void Start()
    {
        rb2D = GetComponent<Rigidbody2D>();
```

```csharp
    }

    private void Update()
    {
        movimientoHorizaontal  =  Input.GetAxisRaw("Horizontal")  *
velocidadDeMovimiento;
        if (Input.GetButtonDown("Jump"))
        {
            salto = true;
        }


    }

    private void FixedUpdate()
    {

        enSuelo = Physics2D.OverlapBox(controladorSuelo.position, dimensionesCaja,
0f, queEsSuelo);
        //Mover
        Mover(movimientoHorizaontal * Time.fixedDeltaTime,salto);

        salto = false;
    }

    private void Mover(float mover,bool saltar)
    {
        Vector3 velocidadObjetivo= new Vector2(mover,rb2D.velocity.y);
        rb2D.velocity=Vector3.SmoothDamp(rb2D.velocity,velocidadObjetivo,ref
velocidad,suavizadoDeMovimiento);

        if(mover > 0 && !mirandoDerecha)
        {
            //Girar
            Girar();

        }
        else if(mover < 0 && mirandoDerecha) {
```

```csharp
            //Girar
            Girar();
        }

        if(enSuelo && saltar)
        {
            enSuelo = false;
            rb2D.AddForce(new Vector2(0f, fuerzaDeSalto));
        }
    }

    private void Girar()
    {
        mirandoDerecha = !mirandoDerecha;
        Vector3 escala = transform.localScale;
        escala.x *= -1;
        transform.localScale = escala;
    }

    private void OnDrawGizmos()
    {
        Gizmos.color = Color.yellow;
        Gizmos.DrawWireCube(controladorSuelo.position, dimensionesCaja);
    }
}
```

En piso:

Nos vamos a Controlador de Suelo

Damos en play

5. BIBLIOGRAFÍA:

- Aguas Bucheli, L. F. (2023a). Dominando la Programación Orientada a Objetos con Java en NetBeans. Our Knowledge Publishing.
- Aguas Bucheli, L. F. (2023b). Manos a la Obra: Prácticas de Laboratorio en Estructuras de Datos. Our Knowledge Publishing.
- Aguas, L., Recalde, H., Toasa, R., & Salazar, E. (2023). Design of a video game applying a layered architecture based on the unity framework. En Lecture Notes in Networks and Systems (pp. 535–550). Springer International Publishing.
- Aguas, L. (2023). Modelado 3D del Estadio Olímpico Atahualpa mediante la metodología de diseño hipermedia. Proquest.com. https://proquest.com/openview/dc587bdc2c3025c64fc7f9f423a34c38/1?pq-origsite=gscholar&cbl=1006393
- Aguas, L., Suárez, L., Coral, R., & Machay, B. (2023). 3D modelling of freedom summit for virtual environments. En Trends in Artificial Intelligence and Computer Engineering (pp. 548–560). Springer Nature Switzerland.

PRACTICAS AVANZADAS

Práctica 1: Inteligencia Artificial para NPCs

Tema

Implementación de comportamientos de inteligencia artificial (IA) para personajes no jugadores (NPCs).

Objetivos

- Comprender los conceptos de inteligencia artificial en juegos.
- Implementar rutas de navegación y movimientos autónomos para NPCs.
- Aplicar técnicas de comportamiento como seguimiento, patrullaje y evasión.

Desarrollo

1. **Introducción a la IA en Unity**
   - Breve explicación de los conceptos básicos de IA en videojuegos.

    o   Descripción de los componentes de navegación y su configuración.

2. **Configuración del Escenario**
   - o Crear un terreno adecuado para la navegación de NPCs.
   - o Definir obstáculos y áreas navegables utilizando el sistema de NavMesh.

3. **Implementación de Movimientos Autónomos**
   - o Añadir el componente NavMeshAgent a los NPCs.
   - o Configurar rutas de patrullaje y puntos de interés.
   - o Escribir scripts en C# para controlar los comportamientos de seguimiento y evasión.

4. **Simulación y Pruebas**
   - o Ejecutar la escena y observar los comportamientos de los NPCs.
   - o Ajustar parámetros de navegación y comportamiento para optimizar la IA.

BIBLIOGRAFÍA:

- Aguas Bucheli, L. F. (2023a). Dominando la Programación Orientada a Objetos con Java en NetBeans. Our Knowledge Publishing.
- Aguas Bucheli, L. F. (2023b). Manos a la Obra: Prácticas de Laboratorio en Estructuras de Datos. Our Knowledge Publishing.
- Aguas, L., Recalde, H., Toasa, R., & Salazar, E. (2023). Design of a video game applying a layered architecture based on the unity framework. En Lecture Notes in Networks and Systems (pp. 535–550). Springer International Publishing.
- Aguas, L. (2023). Modelado 3D del Estadio Olímpico Atahualpa mediante la metodología de diseño hipermedia. Proquest.com. https://proquest.com/openview/dc587bdc2c3025c64fc7f9f423a34c38/1?pq-origsite=gscholar&cbl=1006393
- Aguas, L., Suárez, L., Coral, R., & Machay, B. (2023). 3D modelling of freedom summit for virtual environments. En Trends in Artificial Intelligence and Computer Engineering (pp. 548–560). Springer Nature Switzerland.

Práctica 2: Realidad Aumentada con AR Foundation

Tema

Desarrollo de aplicaciones de realidad aumentada (AR) utilizando AR Foundation.

Objetivos

- Familiarizarse con los conceptos básicos de la realidad aumentada.
- Configurar un proyecto de Unity para AR.
- Implementar elementos de AR como detección de superficies y anclaje de objetos virtuales.

Desarrollo

1. **Introducción a AR Foundation**
   - Explicación de los fundamentos de la realidad aumentada.
   - Instalación y configuración de AR Foundation en Unity.
2. **Configuración del Proyecto**
   - Crear un nuevo proyecto de Unity configurado para AR.
   - Importar y configurar el paquete de AR Foundation.
3. **Implementación de Funcionalidades de AR**
   - Configurar la cámara AR y el sistema de detección de superficies.
   - Añadir scripts para anclar objetos virtuales en el mundo real.
   - Implementar interacciones básicas como tocar para colocar objetos.
4. **Pruebas en Dispositivos**
   - Implementar y probar la aplicación en dispositivos móviles compatibles.
   - Realizar ajustes y optimizaciones basadas en las pruebas.

BIBLIOGRAFÍA:

- Aguas Bucheli, L. F. (2023a). Dominando la Programación Orientada a Objetos con Java en NetBeans. Our Knowledge Publishing.
- Aguas Bucheli, L. F. (2023b). Manos a la Obra: Prácticas de Laboratorio en Estructuras de Datos. Our Knowledge Publishing.
- Aguas, L., Recalde, H., Toasa, R., & Salazar, E. (2023). Design of a video game applying a layered architecture based on the unity framework. En Lecture Notes in Networks and Systems (pp. 535–550). Springer International Publishing.
- Aguas, L. (2023). Modelado 3D del Estadio Olímpico Atahualpa mediante la metodología de diseño hipermedia. Proquest.com. https://proquest.com/openview/dc587bdc2c3025c64fc7f9f423a34c38/1?pq-origsite=gscholar&cbl=1006393
- Aguas, L., Suárez, L., Coral, R., & Machay, B. (2023). 3D modelling of freedom summit for virtual environments. En Trends in Artificial Intelligence and Computer Engineering (pp. 548–560). Springer Nature Switzerland.

Práctica 3: Multijugador en Línea con Photon

Tema

Desarrollo de juegos multijugador en línea utilizando Photon Unity Networking (PUN).

Objetivos

- Comprender los principios del desarrollo multijugador.
- Configurar un proyecto de Unity para el uso de Photon.
- Implementar funcionalidades multijugador como salas de espera, sincronización de objetos y chat.

Desarrollo

1. **Introducción a Photon**
   - Explicación de los conceptos básicos del desarrollo multijugador.
   - Descripción de Photon y sus características.
2. **Configuración del Proyecto**
   - Crear un nuevo proyecto de Unity y configurar Photon.
   - Registrar una aplicación Photon y obtener las credenciales necesarias.
3. **Implementación de Funcionalidades Multijugador**
   - Crear y unirse a salas de espera.
   - Sincronizar el movimiento y estado de objetos entre jugadores.
   - Implementar un sistema de chat básico.

4. **Pruebas y Optimización**
   - Ejecutar la aplicación en múltiples dispositivos para probar la funcionalidad multijugador.
   - Realizar ajustes para optimizar la latencia y la sincronización.

BIBLIOGRAFÍA:

- Aguas Bucheli, L. F. (2023a). Dominando la Programación Orientada a Objetos con Java en NetBeans. Our Knowledge Publishing.
- Aguas Bucheli, L. F. (2023b). Manos a la Obra: Prácticas de Laboratorio en Estructuras de Datos. Our Knowledge Publishing.
- Aguas, L., Recalde, H., Toasa, R., & Salazar, E. (2023). Design of a video game applying a layered architecture based on the unity framework. En Lecture Notes in Networks and Systems (pp. 535–550). Springer International Publishing.
- Aguas, L. (2023). Modelado 3D del Estadio Olímpico Atahualpa mediante la metodología de diseño hipermedia. Proquest.com. https://proquest.com/openview/dc587bdc2c3025c64fc7f9f423a34c38/1?pq-origsite=gscholar&cbl=1006393
- Aguas, L., Suárez, L., Coral, R., & Machay, B. (2023). 3D modelling of freedom summit for virtual environments. En Trends in Artificial Intelligence and Computer Engineering (pp. 548–560). Springer Nature Switzerland.

Práctica 4: Shaders Personalizados con Shader Graph

Tema

Creación e implementación de shaders personalizados utilizando Shader Graph.

Objetivos

- Entender los conceptos básicos de shaders y cómo funcionan.
- Utilizar Shader Graph para crear shaders visualmente.
- Implementar y aplicar shaders personalizados en materiales y objetos.

Desarrollo

1. **Introducción a los Shaders**
   - Explicación de qué son los shaders y su importancia en gráficos de juegos.
   - Descripción de los tipos de shaders y su funcionamiento básico.
2. **Configuración del Proyecto**
   - Crear un nuevo proyecto de Unity y configurar el entorno para Shader Graph.
   - Instalar y configurar el paquete de Shader Graph.
3. **Creación de Shaders Personalizados**
   - Utilizar Shader Graph para crear efectos visuales como agua, fuego y niebla.
   - Configurar nodos y propiedades para ajustar el comportamiento del shader.
   - Aplicar los shaders a materiales y objetos en la escena.
4. **Pruebas y Ajustes**
   - Visualizar y probar los efectos en diferentes condiciones de iluminación y cámara.
   - Realizar ajustes en los nodos y propiedades para mejorar los efectos visuales.

BIBLIOGRAFÍA:

- Aguas Bucheli, L. F. (2023a). Dominando la Programación Orientada a Objetos con Java en NetBeans. Our Knowledge Publishing.
- Aguas Bucheli, L. F. (2023b). Manos a la Obra: Prácticas de Laboratorio en Estructuras de Datos. Our Knowledge Publishing.
- Aguas, L., Recalde, H., Toasa, R., & Salazar, E. (2023). Design of a video game applying a layered architecture based on the unity framework. En Lecture Notes in Networks and Systems (pp. 535–550). Springer International Publishing.
- Aguas, L. (2023). Modelado 3D del Estadio Olímpico Atahualpa mediante la metodología de diseño hipermedia. Proquest.com. https://proquest.com/openview/dc587bdc2c3025c64fc7f9f423a34c38/1?pq-origsite=gscholar&cbl=1006393
- Aguas, L., Suárez, L., Coral, R., & Machay, B. (2023). 3D modelling of freedom summit for virtual environments. En Trends in Artificial Intelligence and Computer Engineering (pp. 548–560). Springer Nature Switzerland.

I want morebooks!

Buy your books fast and straightforward online - at one of world's fastest growing online book stores! Environmentally sound due to Print-on-Demand technologies.

Buy your books online at
www.morebooks.shop

¡Compre sus libros rápido y directo en internet, en una de las librerías en línea con mayor crecimiento en el mundo! Producción que protege el medio ambiente a través de las tecnologías de impresión bajo demanda.

Compre sus libros online en
www.morebooks.shop

Printed by Books on Demand GmbH, Norderstedt / Germany